U0351573

多彩童年我爱读系列

宇宙大百科

庞凤 编著

东北师范大学出版社

长 春

目录

广阔无边的宇宙

guǎng kuò wú biān de yǔ zhòu

我们生活的地球之外，是一个广阔
无边的世界。这个世界被称为"宇宙"。宇
宙是一个无边无际、无始无终的世
界，无论使用多么先进的望远
镜，我们的视线也不能到
达宇宙的尽头。

宇宙是什么

宇宙是广漠空间
yǔ zhòu shì guǎng mò kōng jiān

内存在的各种天体
nèi cún zài de gè zhǒng tiān tǐ

以及弥漫物质的
yǐ jí mí màn wù zhì de

总称。
zǒng chēng

rén lèi duì yǔ zhòu de rèn shi zuì zǎo shì
人类对宇宙的认识，最早是
cóng dì qiú kāi shǐ de zài cóng dì qiú kuò zhǎn dào
从地球开始的，再从地球扩展到
tài yáng xì cóng tài yáng xì kuò zhǎn dào yín hé
太阳系，从太阳系扩展到银河
xì cóng yín hé xì kuò zhǎn dào hé wài xīng xì
系，从银河系扩展到河外星系、
xīng xì tuán zǒng xīng xì
星系团、总星系。

信息卡

- **姓名** 宇宙
- **年龄** 140～200亿年
- **范围** 无边无际

nián guó jì tiān wén xué jiā lián hé
1986年，国际天文学家联合
huì xuān bù yǔ zhòu de nián líng wéi
会宣布：宇宙的年龄为140～200
yì nián
亿年。

xiàn zài rén men guān cè dào de lí wǒ men zuì yuǎn de xīng xì yǐ jīng dá dào bǎi yì
现在，人们观测到的离我们最远的星系已经达到百亿
guāng nián yǐ shàng dàn zhè bìng bú shì yǔ zhòu de zhēn zhèng fàn wéi yīn wèi yǔ zhòu hái zài yǐ jīng
光年以上。但这并不是宇宙的真正范围，因为宇宙还在以惊
rén de sù dù jù liè péng zhàng zhe
人的速度剧烈膨胀着……

宇宙的诞生

关于宇宙的诞生，许多科学家更倾向于"大爆炸宇宙论"假说。

这种观点认为：在大约 150 亿年以前，构成我们今天所看到星体的物质都集中在一起，形成一个"原始火球"。

大爆炸后，宇宙体系不断膨胀，物质从热到冷、从密到稀不断演化，逐渐产生了今天我们所能观测到的星体，成为现在的宇宙。

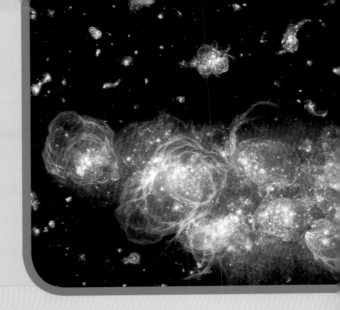

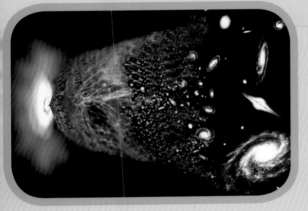

大爆炸宇宙理论之父是比利时的宇宙学家勒梅特，他在20世纪30年代初率先提出大爆炸宇宙理论，并在《原始原子假说》一书中总结了他的研究成果。

1946年，宇宙学家伽莫夫正式提出"大爆炸宇宙论"。

5

星系

xīng xì shì yóu jǐ yì zhì
星系是由几亿至
shàng wàn yì kē héng xīng hé xīng jì
上万亿颗恒星和星际
wù zhì gòu chéng de páng dà tiān
物质构成的庞大天
tǐ xì tǒng
体系统。

用大型天文望远镜观测夜空时，会发现众多的星系犹如宝石般闪着光芒。现在已被天文学家发现的星系总数有10亿个以上。

旋涡星系形状像江河中的旋涡一样，通常从中间膨胀的部分弯曲着伸出两条悬臂来。

xiàng qiú zhuàng huò luǎn zhuàng bǎo shí yí yàng
像球状或卵状宝石一样

de tuǒ yuán xīng xì zhǔ yào shì yóu lǎo héng xīng
的椭圆星系主要是由老恒星

zǔ chéng de tā men bù bāo hán yǒu kě néng
组成的，它们不包含有可能

xíng chéng xīn héng xīng de xīng yún
形成新恒星的星云。

bàng xuán xīng xì xiàng shuǎi zhe liǎng
棒旋星系像甩着两

gēn xiǎo biàn de duǎn bàng tā men de
根小辫的短棒，它们的

xuán bì bú shì cóng xīng xì zhōng xīn shēn chū
悬臂不是从星系中心伸出

de ér shì cóng zhōng jiān bù wèi de
的，而是从中间部位的

liǎng duān shēn chū de
两端伸出的。

奇形怪状的不规则星系中包含着大量的气体和尘埃，其中一些星系是形成新恒星的温床。

星系很多，用肉眼能看到的只有银河系的几个近邻，其中最著名的要数仙女座大星系，它距离地球大约200万光年。

yín hé xì li dà duō shù
银河系里大多数
héng xīng jí zhōng zài biǎn pán zhuàng de
恒星集中在扁盘状的
kōng jiān fàn wéi nèi　jiù xiàng yí
空间范围内，就像一
gè dà tiě bǐng
个大铁饼。

我们居住的地球就处在一个巨大的星系——银河系中，银河系是一个旋涡星系，由包括太阳在内的恒星、星团、星际气体和尘埃聚集而成。

太阳

yín hé xì de zhōng xīn
银河系的中心
zài rén mǎ zuò fāng xiàng
在人马座方向。

tài yáng wèi yú yín hé xì de yī
太阳位于银河系的一
tiáo jiào liè hù bì de xuán bì shàng
条叫"猎户臂"的旋臂上。

12

kē xué jiā men cāi cè   zài yín hé xì zhōng yǒu   yì kē héng xīng dàn shì héng
科学家们猜测，在银河系中有1000亿颗恒星，但是，恒

xīng de shù liàng yǒu kě néng yuǎn bù zhǐ zhè xiē
星的数量有可能远不止这些。

yín hé xì zhōng de héng
银河系中的恒

xīng zhàn   yǐ shàng xīng jì
星占90%以上，星际

wù zhì yuē zhàn
物质约占10%。

河外星系
hé wài xīng xì

如果把宇宙比作无边的海洋，那么银河系只是大海中很小的一个小岛。

在宇宙中，像银河系这样的星系还有很多，它们都处于银河系之外，天文学上称为"河外星系"。

河外星系的形状有很多，有的像漩涡，有的像棍棒，还有不规则的。

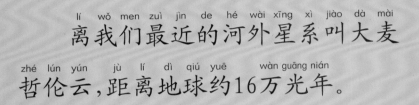

离我们最近的河外星系叫大麦哲伦云，距离地球约16万光年。

河外星系的主要组成部分为恒星，大多数由几十亿至上万亿颗恒星组成，但本星系群的几个小椭圆星系可能只包含几百万颗恒星。

xīng　tuán

星团

qiú zhuàng xīng tuán jié gòu
球状星团结构
zhì mì　zhōng xīn jiào mì jí
致密，中心较密集，
wài xíng chéng yuán qiú huò tuǒ
外形呈圆球或椭
qiú xíng
球形。

xīng tuán shì yóu shí jǐ kē zhì qiān wàn kē héng xīng zǔ chéng de　yǒu gòng tóng de　qǐ yuán
星团是由十几颗至千万颗恒星组成的,有共同的起源、

xiāng hù jiān yǒu jiào qiáng lì xué lián xì de tiān tǐ jí tuán　xīng tuán kě yǐ fēn wéi shū sàn xīng
相互间有较强力学联系的天体集团。星团可以分为疏散星

tuán hé qiú zhuàng xīng tuán　mù qián　yín hé xì zhōng yǐ fā xiàn　duō gè qiú zhuàng xīng tuán
团和球状星团。目前,银河系中已发现150多个球状星团,

duō gè shū sàn xīng tuán
1200多个疏散星团。

qiú zhuàng xīng tuán zhí jìng wéi　　　　　　　guāng
球状星团直径为20～500光

nián　bāo hán yín hé xì zuì zǎo xíng chéng de　yì pī
年,包含银河系最早形成的一批

héng xīng　nián líng yuē wéi　　　　　yì nián
恒星,年龄约为100亿年。

bàn rén mǎ zuò　　xīng shì quán tiān
半人马座ω星是全天

zuì liàng de　qiú zhuàng xīng tuán
最亮的球状星团。

疏散星团结构松散，外形不规则。星团中恒星的数量比较少，一般由十几颗到几千颗恒星组成，用天文望远镜观测容易辨认出各个单星。

疏散星团中的成员空间的运动方向是相同的，星团中成员的年龄为几百万年甚至几十亿年。

金牛座的昴星团是著名的疏散星团之一，因其亮星构成"二十八星宿"中的昴宿而得名，民间称为"七姐妹星"。

星团是银河系中很古老的天体，恒星的金属含量表明，它们属于从原始星系诞生的第一代恒星，一般年龄约为100亿年。

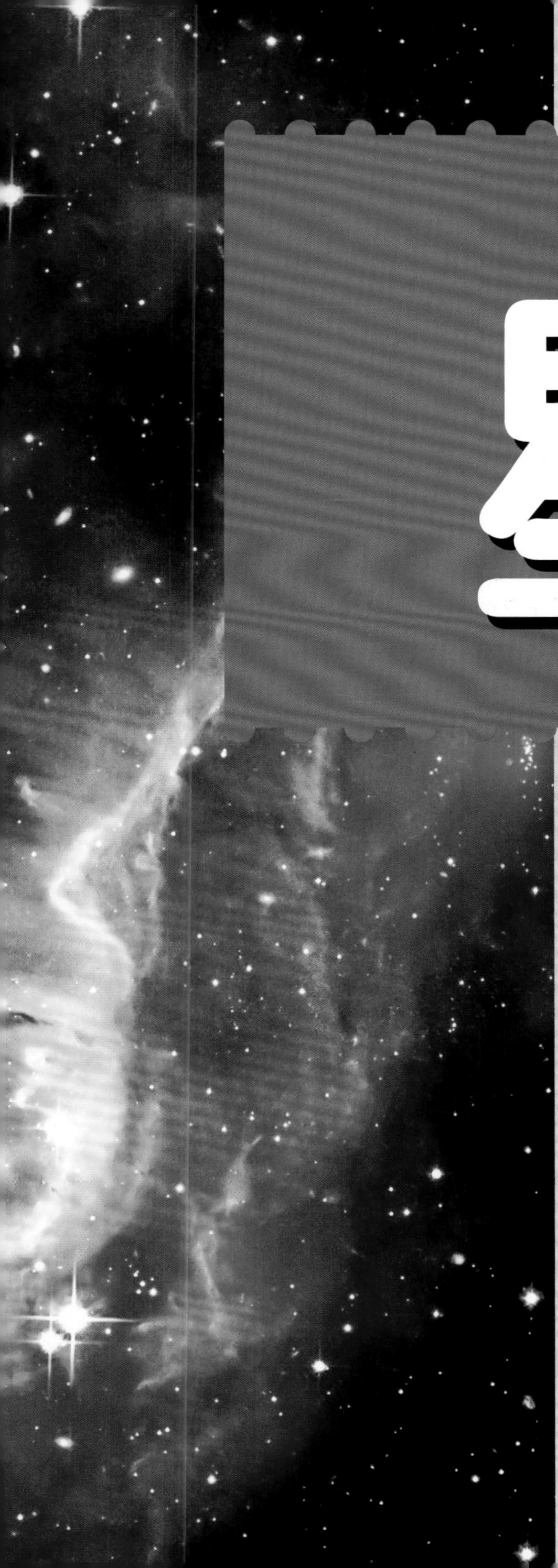

xīng yún

星云

xīng yún shì yì zhǒng yóu qì tǐ hé chén āi zǔ
星云是一种由气体和尘埃组
chéng de tài yáng xì wài yín hé xì kōng jiān de yún wù
成的太阳系外银河系空间的云雾
zhuàng tiān tǐ xīng yún de xíng zhuàng qiān zī bǎi tài yǒu
状天体。星云的形状千姿百态，有
de chéng mí màn zhuàng méi yǒu míng què de jiè xiàn jiào
的呈弥漫状，没有明确的界限，叫
mí màn xīng yún yǒu de xiàng yí gè yuán pán hěn xiàng
弥漫星云；有的像一个圆盘，很像
dà xíng xīng chēng wéi xíng xīng zhuàng xīng yún
大行星，称为行星状星云。

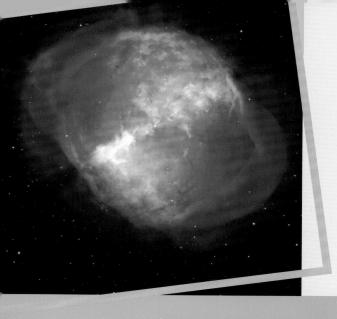

xíng xīng zhuàng xīng yún dài yǒu àn ruò yán shēn
行星状星云带有暗弱延伸
shì miàn zài tā men de zhōng yāng dōu yǒu yí gè tǐ
视面，在它们的中央都有一个体
jī hěn xiǎo wēn dù hěn gāo de hé xīn xīng
积很小、温度很高的核心星。

mí màn xīng yún bǐ xíng xīng zhuàng xīng yún yào
弥漫星云比行星状星云要
dà de duō àn de duō mì dù gèng xiǎo
大得多、暗得多，密度更小。

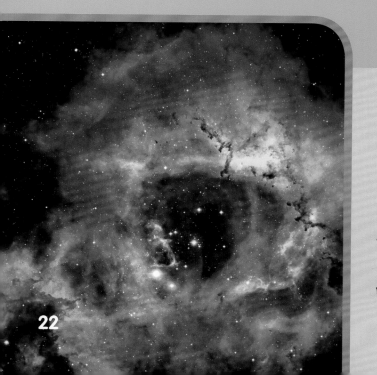

méi gui xīng yún shì yín hé xì zhù míng de
玫瑰星云是银河系著名的
mí màn xīng yún zhī yī jiù xiàng yì duǒ xiān yàn
弥漫星云之一，就像一朵鲜艳
de méi gui shèng kāi zài tiān kōng
的玫瑰盛开在天空。

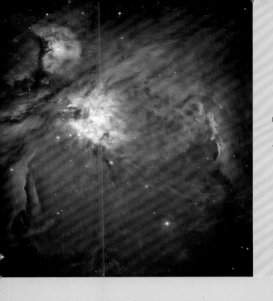

位于猎户座中部的猎户星云是著名的恒星形成区。在星云的中心区，有四颗诞生不过数十万年的新恒星，正是这四颗明星照亮了这块美丽的星云。

蟹状星云是银河系著名的气体星云，因为形状像螃蟹而得名，是一次超新星大爆炸后的遗迹。

马头星云位于明亮的猎户座中央，因形状略微像"马头"而得名，是天空中最易辨认的星云之一。

黑洞

hēi dòng

hēi dòng shì guǎng yì xiāng duì
黑洞是广义相对
lùn yù yán de yì zhǒng tiān tǐ
论预言的一种天体，
qí biān jiè shì yí gè fēng bì
其边界是一个封闭
de shì jiè miàn
的视界面。

wài lái wù zhì néng jìn rù shì
外来物质能进入视
jiè ér shì jiè nèi wù zhì què bù néng
界，而视界内物质却不能
táo chū qù yīn cǐ yuǎn chù de guān
逃出去，因此，远处的观
cè zhě wú fǎ kàn dào lái zì hēi dòng
测者无法看到来自黑洞
nèi bù de fú shè
内部的辐射。

hēi dòng shì yì zhǒng kàn bú dào de tiān tǐ, wǒ men zhǐ néng
黑洞是一种看不到的天体，我们只能

gǎn zhī tā de cún zài
感知它的存在。

bèi hēi dòng xī shōu de wù zhì huì
被黑洞吸收的物质会

zài hēi dòng zhōu wéi xíng chéng yí gè yuán pán
在黑洞周围形成一个圆盘，

jiào xī jī pán
叫吸积盘。

hēi dòng shì héng xīng biàn lǎo de yì zhǒng jié jú dāng yì
黑洞是恒星变老的一种结局。当一

kē héng xīng nèi bù de hé rán liào quán bù xiāo hào diào zhī hòu
颗恒星内部的核燃料全部消耗掉之后，

tā jiù kāi shǐ zài zì shēn de yǐn lì zuò yòng xià xiàng hé xīn
它就开始在自身的引力作用下向核心

bù fen shōu suō zhí zhì xiàng zhōng xīn tān xiàn tiān wén xué jiā
部分收缩，直至向中心坍陷，天文学家

chēng zhè zhǒng kuài sù shōu suō guò chéng wéi yǐn lì tān suō
称这种快速收缩过程为"引力坍缩"。

25

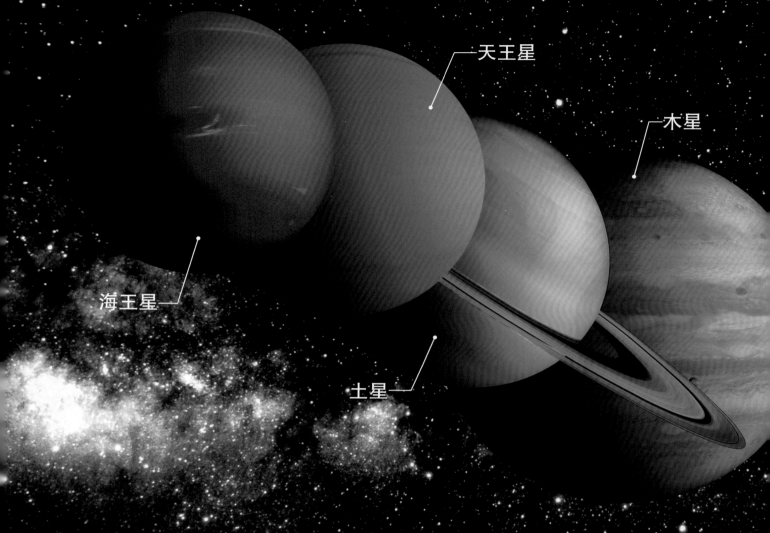

天王星

木星

海王星

土星

zài tài yáng xì shì yí gè páng dà de xì tǒng wǒ men jū zhù de dì qiú jiù shì tài
在太阳系是一个庞大的系统，我们居住的地球就是太

yáng xì zhōng de yì kē xíng xīng zài zhè ge dà jiā tíng zhōng tài yáng shì zhōng xīn qí tā de
阳系中的一颗行星。在这个大家庭中，太阳是中心，其他的

tiān tǐ dōu yán zhe yí dìng de guǐ dào wéi rào zhe tài yáng xuán zhuǎn
天体都沿着一定的轨道围绕着太阳旋转。

我们的太阳系

wǒ men de tài yáng xì
我们的太阳系

太阳

地球

月亮

水星

火星

金星

太阳的质量为地球
的 33 万倍，体积为地
球的 130 万倍，直径为
地球的 109 倍。

28

tài yáng
太阳

tài yáng shì tài yáng xì de zhōng xīn tiān tǐ
太阳是太阳系的中心天体，

shì jù lí dì qiú zuì jìn de yì kē héng xīng tài
是距离地球最近的一颗恒星。太

yáng shì yí gè chì rè de qì tǐ qiú biǎo miàn wēn
阳是一个炽热的气体球，表面温

dù dá nèi bù wēn dù gāo dá
度达6000℃，内部温度高达1700

wàn dù
万度。

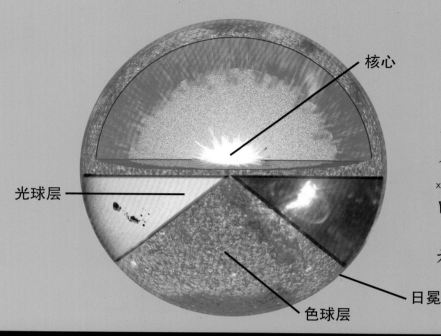

核心

光球层

色球层

日冕

tài yáng biǎo céng bèi chēng
太阳表层被称

wéi tài yáng dà qì yóu lǐ
为"太阳大气"，由里

xiàng wài fēn wéi guāng qiú sè qiú
向外分为光球、色球

hé rì miǎn sān céng
和日冕三层。

tài yáng de zhǔ yào chéng fèn shì qīng hé hài àn zhì liàng jì suàn qīng yuē zhàn hài
太阳的主要成分是氢和氦。按质量计算，氢约占71%，氦

yuē zhàn hái yǒu shǎo liàng yǎng tàn dàn tiě guī měi liú děng
约占27%，还有少量氧、碳、氮、铁、硅、镁、硫等。

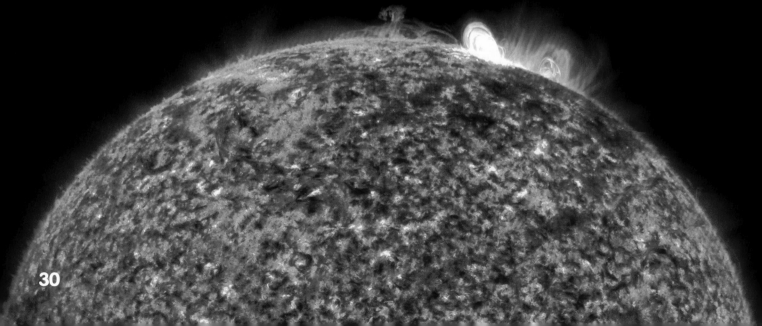

guāng qiú shì tài yáng biǎo miàn jí báo de yì
光球是太阳表面极薄的一
céng hòu dù zhǐ yǒu qiān mǐ píng jūn wēn dù
层，厚度只有500千米，平均温度
yuē wéi tài yáng de guāng huī jī běn shang
约为6000℃，太阳的光辉基本上
shì cóng zhè lǐ fā shè chū lái de
是从这里发射出来的。

sè qiú shì tài yáng dà qì de zhōng jiān céng píng
色球是太阳大气的中间层，平
jūn hòu dù wéi qiān mǐ píng shí wǒ men wú fǎ
均厚度为2000千米。平时我们无法
zhí jiē kàn dào tā zhǐ yǒu zài rì quán shí huò yòng sè
直接看到它，只有在日全食或用色
qiú wàng yuǎn jìng guān cè shí cái néng kàn dào
球望远镜观测时才能看到。

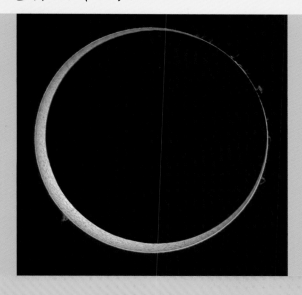

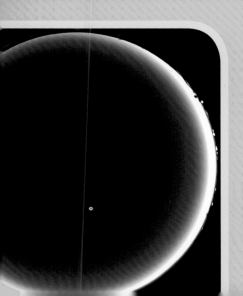

rì miǎn shì tài yáng dà qì de zuì wài céng hòu dù dá
日冕是太阳大气的最外层，厚度达
jǐ bǎi wàn qiān mǐ yǐ shàng zhǐ yǒu dāng rì quán shí fā shēng shí
几百万千米以上。只有当日全食发生时，
cái néng zài àn hēi yuè lún de sì zhōu kàn dào dà fàn wéi yán shēn
才能在暗黑月轮的四周看到大范围延伸
de yín sè guāng huī zhè jiù shì rì miǎn céng
的银色光辉，这就是日冕层。

31

太阳活动

tài yáng huó dòng

太阳（特别是表层）局部的活动、爆发十分频繁，有时还相当剧烈。

太阳风是日冕因高温膨胀而不断向行星际空间抛出的粒子流，由电子、质子和少量重离子组成。

日珥是一种极为壮观、美丽的气柱喷射现象，巨大的火舌从色球上升腾而起，一直到达日冕中。有的日珥像巨大的喷泉，有的像节日夜空的礼花，有的像拱桥和怪石。

日珥的喷射高度可达几万、几十万千米，甚至百万千米。

耀斑是最剧烈的太阳活动现象，一般认为发生在色球到日冕的过渡层中。在几分钟至十几分钟内，耀斑发出惊人的能量辐射，并抛出大量的高速带电粒子。

这种猛烈增强的太阳辐射和粒子流，会对地球产生一系列影响，如发生磁暴、出现极光等。

太阳黑子的大小相差很大，最小的直径为1000多千米，最大的可达20万千米左右。

太阳黑子是最基本、最明显的太阳活动现象，实际上是太阳表面一种炽热气体的巨大漩涡，温度大约4500℃，亮度低于周围的光球，看上去像一些深暗色的斑点。

黑子很少单独行动，常常是成群结队地出现，被称为"黑子群"。

太阳黑子数目呈周期性变化，平均周期为11年左右。太阳黑子是太阳活动的主要标志，其他各种太阳活动，如光斑、耀斑、日珥等，几乎都与黑子的多少有关。黑子群越大，它附近出现的其他太阳活动现象也越多。所以太阳黑子周期也就是太阳活动的基本周期。

水星

水星的名字里虽然有"水"字，但实际上一滴水也没有，是一个干枯的星球。

shuǐ xīng shì tài yáng xì bā dà xíng xīng zhōng jù lí tài yáng zuì jìn de yì kē xíng xīng
水星是太阳系八大行星中距离太阳最近的一颗行星，
shì dì qiú de xiǎo dì di zhí jìng hái bù jí dì qiú de yí bàn
是地球的小弟弟，直径还不及地球的一半。

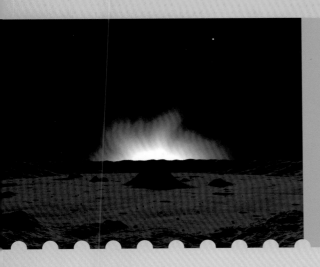

shuǐ xīng shang méi yǒu dà qì quān zhè dǎo zhì tā
水星上没有大气圈，这导致它
zhòu yè wēn chā hěn dà yòu yīn shuǐ xīng shang de yí zhòu
昼夜温差很大。又因水星上的一昼
yè xiāng dāng cháng rú guǒ zài shuǐ xīng shang kàn tài yáng
夜相当长，如果在水星上看太阳，
jī hū gǎn jué bú dào tài yáng de yí dòng
几乎感觉不到太阳的移动。

cóng kōng jiān tàn cè qì pāi xià de zhào
从空间探测器拍下的照
piàn shang kě yǐ qīng xī de kàn dào shuǐ xīng
片上可以清晰地看到，水星
biǎo miàn bù mǎn le dà dà xiǎo xiǎo de huán xíng
表面布满了大大小小的环形
shān píng yuán hé pén dì dì xíng dì mào
山、平原和盆地，地形、地貌
yǔ yuè qiú shí fēn xiāng sì
与月球十分相似。

信息卡

- **距太阳平均距离** 约5790万千米
- **体积** 地球的 5.62%
- **质量** 地球的 5.58%

jīn xīng

金星

信息卡

- **半径** 6050 千米
- **体积** 地球的 0.88 倍
- **质量** 地球的 4/5

38

天亮前后，东方有些发白的天空中，有时会出现一颗相当明亮的"晨星"，人们叫它"启明星"；黄昏，西方天幕上有时也会出现一颗明亮的"昏星"，人们称之为"长庚星"。它们实际上是同一颗星，就是金星。

金星的自转方向与公转方向相反，是逆向自转，所以在金星上看到的太阳是西升东落的。据计算，金星上的一昼夜为117天，白昼和黑夜各为59天左右，所以金星上一年大约只有两天。

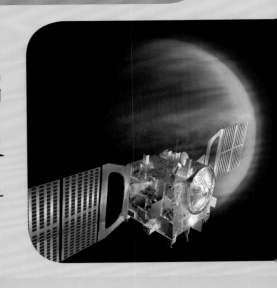

金星　　　　　地球

由于金星的体积、质量都与地球相近，再加上它也有大气层，也反射太阳光发亮，所以人们一直认为金星是地球的"孪生姐妹"。

地球

在太阳系的八大行星中，地球既是普通的一员，又是一颗极不平凡的星球。

地球是目前人类所知道的唯一一个存在生命的星球。它是人类赖以生存的家园，表面有坚固的地壳，其中70.8%是海洋，陆地仅占29.2%，从太空中看，地球是蔚蓝色的。

地球的内部结构可分三个层次，最外面是地壳，地壳的下面一层叫地幔，地幔的下面就是地核。

地球被一层厚厚的大气圈所包围，它的主要成分是氮气和氧气。正是因为大气中有氧和二氧化碳存在，才使得地球上的生物可以生存下去。

地球以 29.8 千米／秒的平均速度绕太阳公转，转一周需 365.25 天。同时它也在绕自己的轴旋转，每 23 小时 56 分 4 秒转一周。

地球的自转产生了地球上的昼夜交替；地球自转轴与地球公转轨道面不垂直，产生了地球上的四季变化和地球五带的区分。

科学家经过长期的精密测量，发现地球是一个两极稍扁、赤道略鼓的不规则球体。

据科学家估计，地球从诞生到现在，已有近46亿年的历史了。

月球

yuè qiú shì dì qiú de wèi
月球是地球的卫
xīng shì jù lí dì qiú zuì jìn de
星，是距离地球最近的
tiān tǐ sú chēng yuè liang yuè qiú běn
天体，俗称月亮。月球本
shēn bù fā guāng ér shì fǎn shè
身不发光，而是反射
tài yángguāng
太阳光。

信息卡

- **体积** 相当于地球体积的 1/49
- **直径** 约为地球的 3/11
- **质量** 约等于地球的 1/81

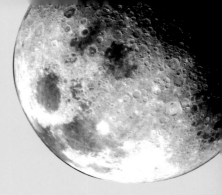

由于月球引力小，保留不住大气，所以昼夜温差很大，白天在阳光直射的地方，温度可达127℃，夜晚则降到-183℃。

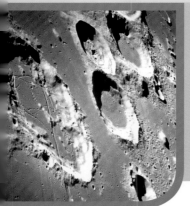

月面最显著的特征是坑穴星罗棋布，直径大于1000米的环形山约有3.3万多个，大都是宇宙物体冲击月面和火山活动的产物。

月球的表面重力加速度只相当于地球表面的1/6，所以，登上月球的宇航员在月面行走是轻飘飘的。

上弦

凸月

蛾眉月

满月

新月

太阳光

凸月

蛾眉月

下弦

由于月球本身不发光，而是反射太阳光，所以被太阳照射的一面是明亮的，背着太阳的一面是黑暗的，再加上月球、太阳和地球三者之间的相对位置也是不断发生变化的，所以，在地球上看到的月球就有了月相变化。

月亮看上去在逐渐长大时，被称为"盈"；月亮看上去慢慢变小，则被称为"亏"。

在月相变化的一个完整周期中，即从新月到下一个新月前，需要29.5天。

huǒ xīng
火星

huǒ xīng shì dì qiú de jìn lín zài
火星是地球的近邻，在
tài yáng xì de bā dà xíng xīng zhōng chú
太阳系的八大行星中，除
dì qiú wài zuì xī yǐn rén men zhù yì
地球外，最吸引人们注意
de jiù shǔ tā le
的就数它了。

yí gè duō shì jì yǐ lái
一个多世纪以来，
guān yú huǒ xīng shang yǒu méi yǒu huǒ
关于火星上有没有"火
xīng rén de zhēng lùn chí xù le hǎo
星人"的争论持续了好
cháng shí jiān
长 时间。

火星上既有春夏秋冬四季的变化，也有白天和黑夜的交替。火星的自转周期与地球相近，为24小时37分，在火星上看太阳也是东升西落。

信息卡

- **距太阳平均距离** 1.52 天文单位
- **赤道直径** 地球的 53%
- **质量** 地球的 11%

火星两极存在大量的冰，有微弱的磁场和稀薄的大气，每年有连续几个月的尘暴。

火星表面地形极其复杂，有山脉、高地和环形山，也有平原、沟槽和火山。

mù xīng
木星

mù xīng shì tài yáng xì bā dà
木星是太阳系八大
xíng xīng zhōng zuì dà de yí gè   tǐ
行星中最大的一个，体
jī hé zhì liàng bǐ qí tā qī dà xíng
积和质量比其他七大行
xīng de zǒng hé hái dà
星的总和还大。

tiān wén xué shang bǎ
天文学上把
zhè zhǒng jù dà de xíng xīng chēng
这种巨大的行星称
wéi   jù xíng xīng
为"巨行星"。

木星的四颗卫星

dì qiú zhǐ yǒu yuè qiú zhè yì kē tiān rán
地球只有月球这一颗天然

wèi xīng dàn mù xīng què yǒu xǔ duō wèi xīng xiàn
卫星,但木星却有许多卫星,现

zài yǐ jīng zhèng shí de yǒu kē
在已经证实的有79颗。

zài mù xīng shang yǒu yí gè jù dà de hóng
在木星上有一个巨大的红

bān cháng dá wàn qiān mǐ kuān yuē
斑,长达2.6万千米,宽约1.1

wàn qiān mǐ shì mù xīng de zuì dà tè zhēng
万千米,是木星的最大特征。

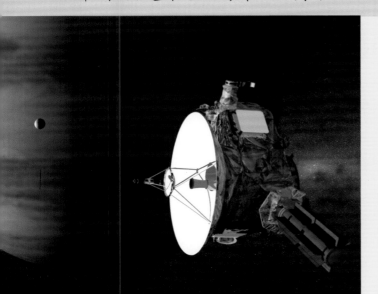

zì nián yǐ lái měi guó fā
自1973年以来,美国发

shè de xiān qū zhě hào lǚ xíng
射的"先驱者"10号、"旅行

zhě hào děng tàn cè qì céng xiāng jì fēi jìn
者"1号等探测器曾相继飞近

mù xīng jìn xíng tàn cè
木星进行探测。

tǔ xīng
土星

土星在中国古代称"填星"，欧洲大陆以罗马神话中的农神"萨特恩"为它命名。

土星是八大行星中仅次于木星的另一颗巨行星。土星自转速度仅次于木星，自转一周为10小时14分钟，公转周期为29.46年。

tǔ xīng de dà qì céng hěn
土星的大气层很
hòu zhǔ yào chéng fèn shì jiǎ wán
厚，主要成分是甲烷
hé shǎo liàng de ān
和少量的氨。

tǔ xīng yǒu yí gè měi lì de guāng huán wǎn rú
土星有一个美丽的光环，宛如
liàng càn càn de xiàng liàn xiāng qiàn zài tā de bó zi shang zhè ge guāng huán
亮灿灿的项链镶嵌在它的脖子上。这个光环
hěn báo hòu dù zhǐ yǒu qiān mǐ ér kuān dù què yǒu wàn qiān mǐ
很薄，厚度只有15～20千米，而宽度却有20万千米。

tǔ xīng hé mù xīng yí yàng shì wèi
土星和木星一样，是卫
xīng zhòng duō de xíng xīng tā zhì shǎo yǒu
星众多的行星，它至少有150
kē wèi xīng qí zhōng yǐ bèi què rèn de yǒu
颗卫星，其中已被确认的有
kē
62颗。

tiān wáng xīng

天王星

天王星在太阳系的行星中，按距离太阳由近及远排序为第七颗。

如果把天王星的自转轴看作它的身体，那么它不是立着自转，而是躺着。天王星有 27 颗卫星。

沿天王星赤道面围绕天王星运行着粗细不等的上百条环状物，称为"天王星环"。

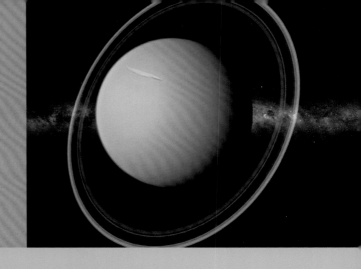

天王星公转周期84.01年，自转周期17.9小时。由于距离太阳十分遥远，天王星的表面温度在−200℃以下。

1781年，英国天文学家威廉·赫歇尔发现了天王星，它是第一颗使用望远镜发现的行星。

信息卡

- **距太阳平均距离** 19.18 天文单位
- **赤道直径** 为地球的 4.1 倍
- **质量** 约为地球的 14.6 倍

#

hǎi　　　　wáng　　　　xīng
海王星

1864 年，英国科学家
亚当斯和法国科学家勒威耶
同时计算出海王星的位置，德
国天文学家伽勒根据他们的
计算用望远镜发现了海
王星。

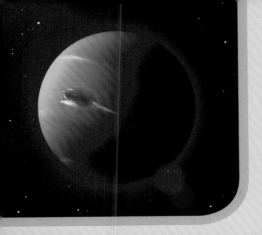

hǎi wáng xīng de dà qì li hán yǒu jiǎ wán hé wēi liàng
海王星的大气里含有甲烷和微量

de ān biǎo miàn wēn dù yuē wéi
的氨。表面温度约为-200℃。

hǎi wáng xīng de gōng
海王星的公

zhuàn zhōu qī wéi
转周期为164.79

nián zì zhuàn zhōu qī wéi
年，自转周期为

xiǎo shí
19.2小时。

hǎi wáng xīng yǒu
海王星有

kē wèi xīng hái
14颗卫星，还

yǒu guānghuán
有光环。

hǎi wáng xīng chéng biǎn qiú zhuàng biǎo
海王星呈扁球状，表

miàn shang fēn bù zhe yì tiáo tiáo píng xíng yú
面上分布着一条条平行于

chì dào de míng àn xiāng jiàn de dài zhuàng bān
赤道的明暗相间的带状斑

wén yán sè chéng
纹，颜色呈

dàn lǜ sè
淡绿色。

信息卡

- **距太阳平均距离** 30.06 天文单位
- **赤道直径** 地球的 3.9 倍
- **质量** 地球的 17.2 倍

míng wáng xīng

冥王星

冥王星距离太阳非常遥远，从冥王星上看，太阳只是一个耀眼的光点，因此冥王星上是十分阴冷黑暗的。

míng wáng xīng shì yǐ luó mǎ shén huà zhōng shén líng de
冥王星是以罗马神话中神灵的

míng zi mìng míng de   míng wáng xīng yì si shì dì yù
名字命名的，冥王星意思是"地狱"

li de yán luó wáng
里的"阎罗王"。

nián   dì èr shí liù
2006 年，第二十六

jiè guó jì tiān wén xué lián hé dà huì
届国际天文学联合大会

shang   míng wáng xīng bèi jiàng gé wéi ǎi xíng
上，冥王星被降格为矮行

xīng   zhèng shì tuì chū tài yáng xì jiǔ
星，正式退出太阳系九

dà xíng xīng de háng liè
大行星的行列。

míng wáng xīng gōng zhuàn zhōu qī
冥王星公转周期247.69

nián   zì zhuàn zhōu qī tiān xiǎo shí
年，自转周期6天9小时。

míng wáng xīng xiàng yáng de yí miàn wēn dù
冥王星向阳的一面温度

zài   zuǒ yòu bèi yīn de yí miàn
在-220℃左右，背阴的一面

wēn dù zài   yǐ xià
温度在-250℃以下。

信息卡

- **距太阳平均距离** 39.44 天文单位
- **赤道直径** 为地球的 17.9%
- **卫星数量** 5颗

小行星

小行星是在体积和质量方面都比大行星小很多的天体，大多位于火星和木星的轨道之间，沿着椭圆形轨道绕太阳旋转，形成一个环状的小行星带。据科学观测估计，小行星的总数在110万颗以上。

至2007年6月，已获永久编号的小行星有159366颗，其中已命名的有13805颗。

距离地球几十万千米至几千万千米的近地小行星，有可能撞击地球，天文学家们对它们的行踪给予特别的关注。

小行星的形态多种多样，按小行星的物质组成，可分碳质、石质和金属三大类小行星。

信息卡

- **轨道半径** 2.17 ～ 3.64 天文单位
- **带宽** 1.5 天文单位
- **公转周期** 多为 3.3 ～ 5.7 年

<ruby>谷<rt>gǔ</rt></ruby> <ruby>神<rt>shén</rt></ruby> <ruby>星<rt>xīng</rt></ruby>

<ruby>谷<rt>gǔ</rt></ruby><ruby>神<rt>shén</rt></ruby><ruby>星<rt>xīng</rt></ruby><ruby>公<rt>gōng</rt></ruby><ruby>转<rt>zhuàn</rt></ruby><ruby>周<rt>zhōu</rt></ruby><ruby>期<rt>qī</rt></ruby><ruby>为<rt>wéi</rt></ruby> 1682 <ruby>天<rt>tiān</rt></ruby>，<ruby>自<rt>zì</rt></ruby><ruby>转<rt>zhuàn</rt></ruby><ruby>周<rt>zhōu</rt></ruby><ruby>期<rt>qī</rt></ruby><ruby>为<rt>wéi</rt></ruby> 0.38 <ruby>天<rt>tiān</rt></ruby>。

gǔ shén xīng shì huǒ xīng yǔ mù xīng zhī jiān xiǎo xíng xīng dài zhōng fā xiàn de dì yī kē xiǎo
谷神星是火星与木星之间小行星带中发现的第一颗小

xíng xīng shì tài yáng xì zhōng zuì dà zuì zhòng de xiǎo xíng xīng zài nián dì èr shí liù
行星，是太阳系中最大、最重的小行星。在2006年第二十六

jiè guó jì tiān wén xué lián hé dà huì shang tā bèi zhèng míng wéi ǎi xíng xīng chéng yuán
届国际天文学联合大会上，它被正名为矮行星成员。

gǔ shén xīng shì nián yóu yì dà lì tiān wén
谷神星是1801年由意大利天文

xué jiā pí yà qí fā xiàn de
学家皮亚齐发现的。

měi guó yǔ háng jú lí míng hào tàn cè qì pāi
美国宇航局"黎明"号探测器拍

shè dào gǔ shén xīng biǎo miàn jǐ chù shén mì liàng diǎn kē
摄到谷神星表面几处神秘亮点，科

xué jiā tuī cè zhè kě néng shì shuǐ zhēng qì
学家推测这可能是水蒸气。

信息卡

- **直径** 952 千米

- **轨道半径** 2.77 天文单位

- **目视星等** 7.4

qiān zī bǎi tài de xīng
千姿百态的星

在浩瀚的宇宙中，最引人注目的就是那满天的星星，传说中的牛郎织女星，排成勺子形状的北斗七星，带着神秘色彩的十二星座……每一颗星星都有一个故事，每一颗星星都有着一段不为人知的未解之谜。千姿百态的星吸引着我们努力去探索、去了解浩瀚的宇宙。

xīng zuò
星座

xīng zuò shì zhǐ héng xīng
星座是指恒星
zài tiān kōng bèi jǐng tóu yǐng wèi
在天空背景投影位
zhì de fēn qū
置的分区。

摩羯座
射手座
天蝎座
水瓶座
天秤座
双鱼座
处女座
太阳
白羊座
狮子座
金牛座
巨蟹座
双子座

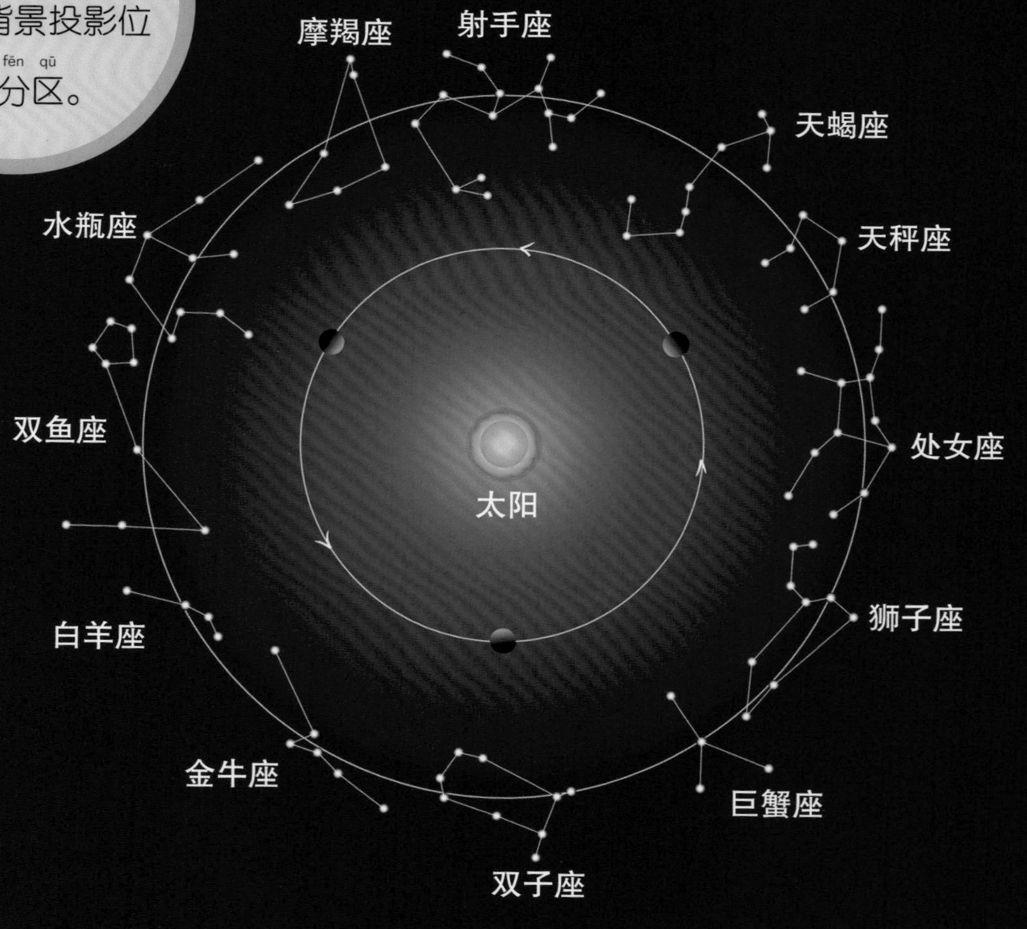

夏季星空图

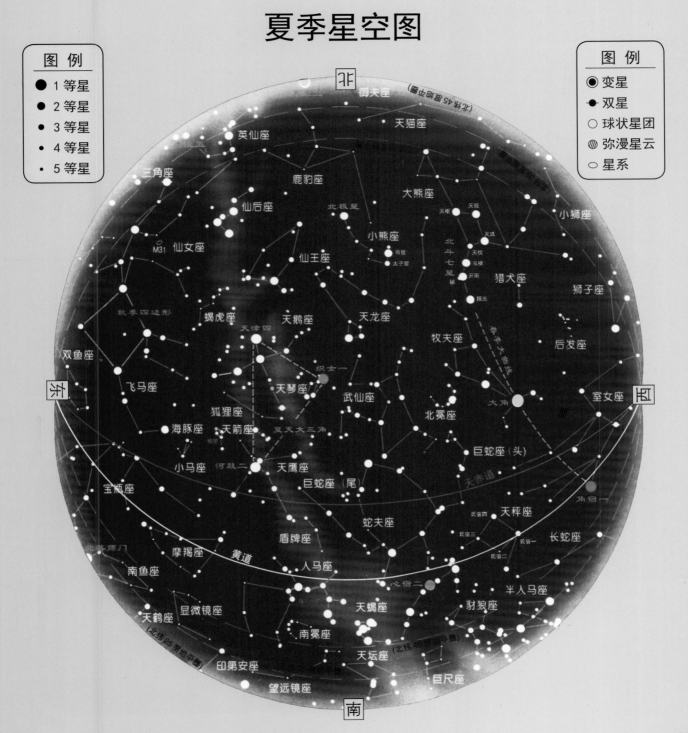

chū xiàn zài chūn jì yè kōng
出现在春季夜空

de shī zi zuò shì huáng dào shí èr
的狮子座，是黄道十二

xīng zuò zhī yī shì gǔ xī là shén
星座之一，是古希腊神

huà zhōng yīng xióng hè lā kè lè sī
话中英雄赫拉克勒斯

shā sǐ de shī zi jīng
杀死的狮子精。

xǔ duō xīng zuò dōu shì yǐ
许多星座都是以

gǔ xī là shén huà gù shi zhōng de
古希腊神话故事中的

jué sè mìng míng de
角色命名的。

jīn niú zuò shì gǔ xī là shén
金牛座是古希腊神

huà zhōng zhòu sī de huà shēn tā shì dōng
话中宙斯的化身，它是冬

jì yè kōng zhōng yí gè guāng huī duó mù
季夜空中一个光辉夺目

de xīng zuò
的星座。

dà xióng zuò shì běi fāng
大熊座是北方
tiān kōng zhōng zuì míng liàng zuì zhòng
天空中最明亮、最重
yào de xīng zuò zhī yī zhù míng
要的星座之一,著名
de běi dǒu qī xīng jiù zài zhè
的北斗七星就在这
ge xīng zuò lǐ
个星座里。

zài dōng jì shàng bàn yè dāng yín hé cóng dōng
在冬季上半夜,当银河从东
nán xiàng xī běi xié kuà yè kōng shí zài yín hé xī nán
南向西北斜跨夜空时,在银河西南
àn kě yǐ kàn jiàn sān kē jiàn gé xiāng děng de jiào liàng
岸,可以看见三颗间隔相等的较亮
xīng pái chéng yì tiáo zhí xiàn zài sān xīng wài wéi yòu yǒu
星排成一条直线,在三星外围又有
sì kē liàng xīng zǔ chéng yí gè cháng fāng xíng kuàng zhè
四颗亮星,组成一个长方形框,这
jiù shì liè hù zuò
就是猎户座。

héng xīng

恒星

héng xīng shì yóu chì rè
恒星是由炽热
qì tǐ zǔ chéng néng zì jǐ
气体组成、能自己
fā guāng de tiān tǐ
发光的天体。

héng xīng shí jì shang dōu zài bù tíng de
恒星实际上都在不停地
yùn dòng dàn yīn lí rén men tài yuǎn duǎn
运动，但因离人们太远，短
shí qī nèi gǎn jué bú dào qí xiāng hù jiān wèi zhì
时期内感觉不到其相互间位置
de biàn huà gù gǔ shí chēng héng xīng
的变化，故古时称“恒星”，
yán yòng zhì jīn
沿用至今。

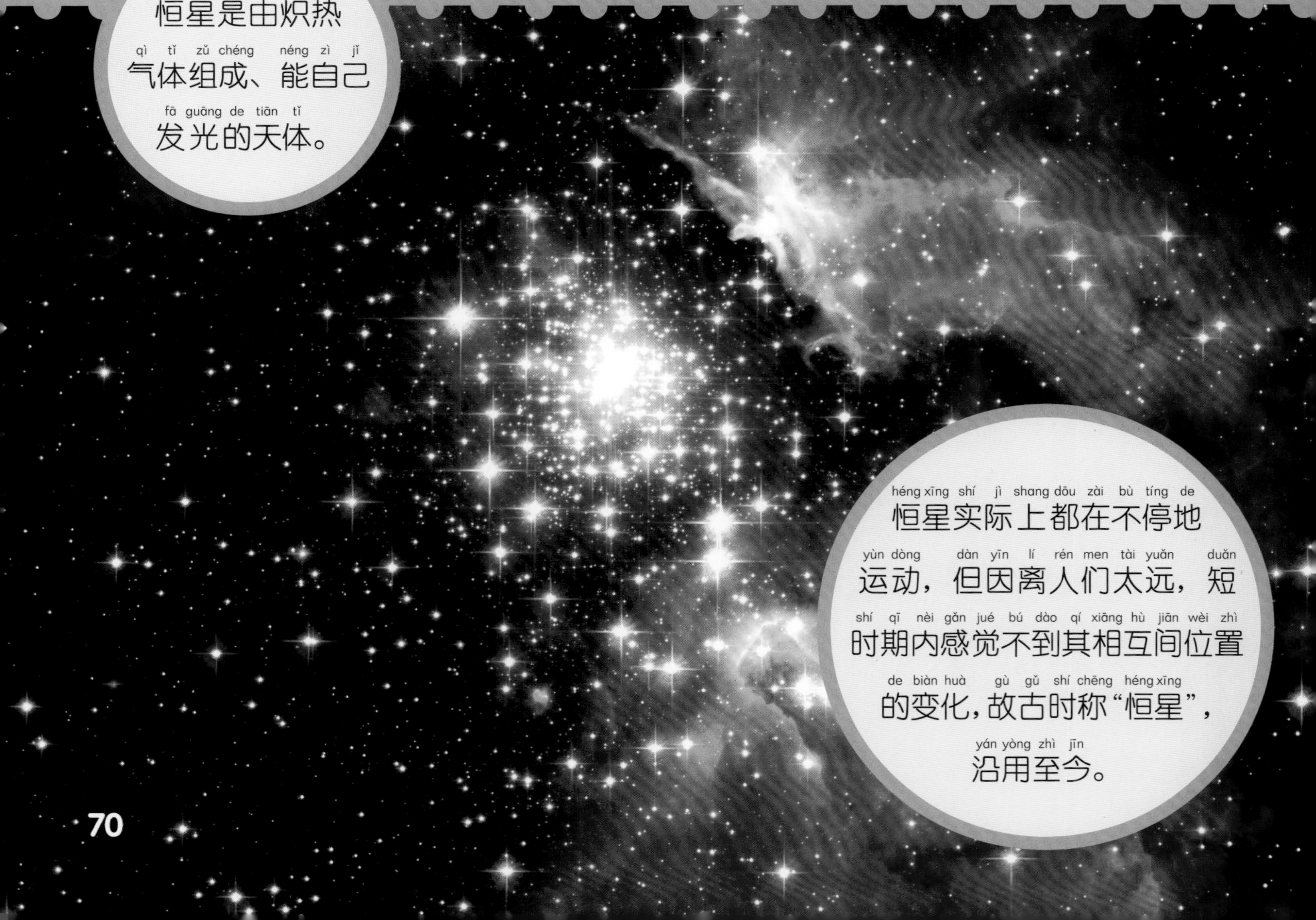

晴朗无月的夜晚，用肉眼可以看到约6500颗恒星，若借助望远镜，可看到的星星更多。

太阳是距离我们最近的一颗恒星，其他恒星离我们都非常遥远，最近的也有4.3光年。

恒星不但自转，而且都以各自的速度在宇宙中飞奔，速度比宇宙飞船还快。

恒星的温度各不相同。最热的恒星是蓝色的，最冷的恒星是红色的，黄色的恒星温度介于蓝色和红色恒星之间。

恒星的诞生

héng xīng shì yóu xīng yún zhōng
恒星是由星云中
de qì tǐ hé chén āi yùn yù chū
的气体和尘埃孕育出
lái de zhè ge guò chéng xū yào
来的，这个过程需要
shǔ bǎi wàn nián
数百万年。

chǎn shēng héng xīng tuán de
产生恒星团的
xīng yún yóu chén āi hé qì tǐ zǔ
星云由尘埃和气体组
chéng tǐ jī shì tài yáng xì de
成，体积是太阳系的
shù qiān bèi
数千倍。

星云中的物质会渐渐聚合在一起，随着星云中物质聚合得越来越密集，热量会大增直至形成一颗新的恒星。

由于形成时各种物质的含量不同，恒星的特征也各不相同，比如它们的颜色、温度与亮度不一样，寿命也各不相同。

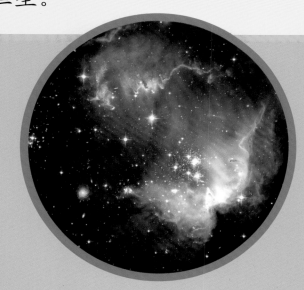

星云中新形成的恒星会给周围的星云带来光明与色彩。

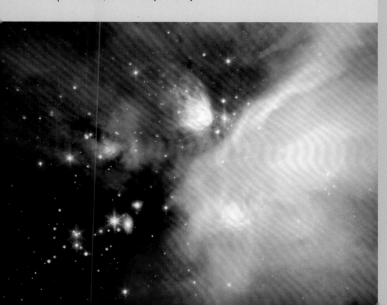

73

héng xīng de sǐ wáng
恒星的死亡

对于任何一颗恒星来说，它既有诞生的一天，也就有衰老死亡的一天。

当恒星走过自己的一生后，就会慢慢膨胀，变成一颗红巨星或是超巨星。

再过上几十亿年，太阳可能会突然膨胀起来，变成一个大火球，离太阳最近的水星和金星将被它吞没，这是一般恒星都会经历的晚年阶段，天文学上称为红巨星阶段。

只要足够热，红巨星就会开始燃烧一种新的，名为"氦"的燃料，这会使恒星的外壳离它的中心越来越远。

许多巨星以剧烈的爆炸结束自己的生命，这叫作"超新星爆发"，爆发后的云烟、碎片等物质飘散到太空中，剩下的物质则迅速坍缩成很小的中子星或黑洞。

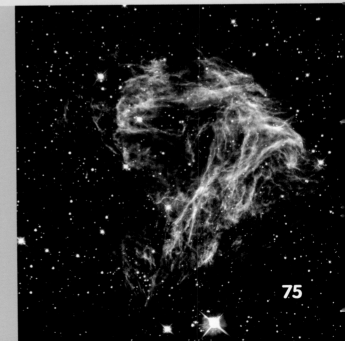

行星
xíng xīng

行星是太
xíng xīng shì tài

阳系天体的一
yáng xì tiān tǐ de yí

类，是指环绕太阳运行、质量足
lèi shì zhǐ huán rào tài yáng yùn xíng zhì liàng zú

够大、呈球形或近似球形，并能
gòu dà chéng qiú xíng huò jìn sì qiú xíng bìng néng

通过引力清空轨道附近碎物的
tōng guò yǐn lì qīng kōng guǐ dào fù jìn suì wù de

天体。行星本身一般不发
tiān tǐ xíng xīng běn shēn yì bān bù fā

光，以表面反射太阳光而发亮。
guāng yǐ biǎo miàn fǎn shè tài yáng guāng ér fā liàng

行星在宇宙空间的运动是有一定规律的，它们都绕着太阳公转，而且大多数行星与太阳的自转方向一致，称为"同向性"。

小行星以内和以外的行星，分别称为内行星和外行星。外行星又被分为巨行星（木星和

土星）和远日行星（天王星、海王星、冥王星）。

地球轨道以内和以外的行星分别称为地内行星和地外行星。

wèi xīng
卫星

卫星绕行星运转，
像是行星的卫士。同行
星一样，卫星本身也
不发光。

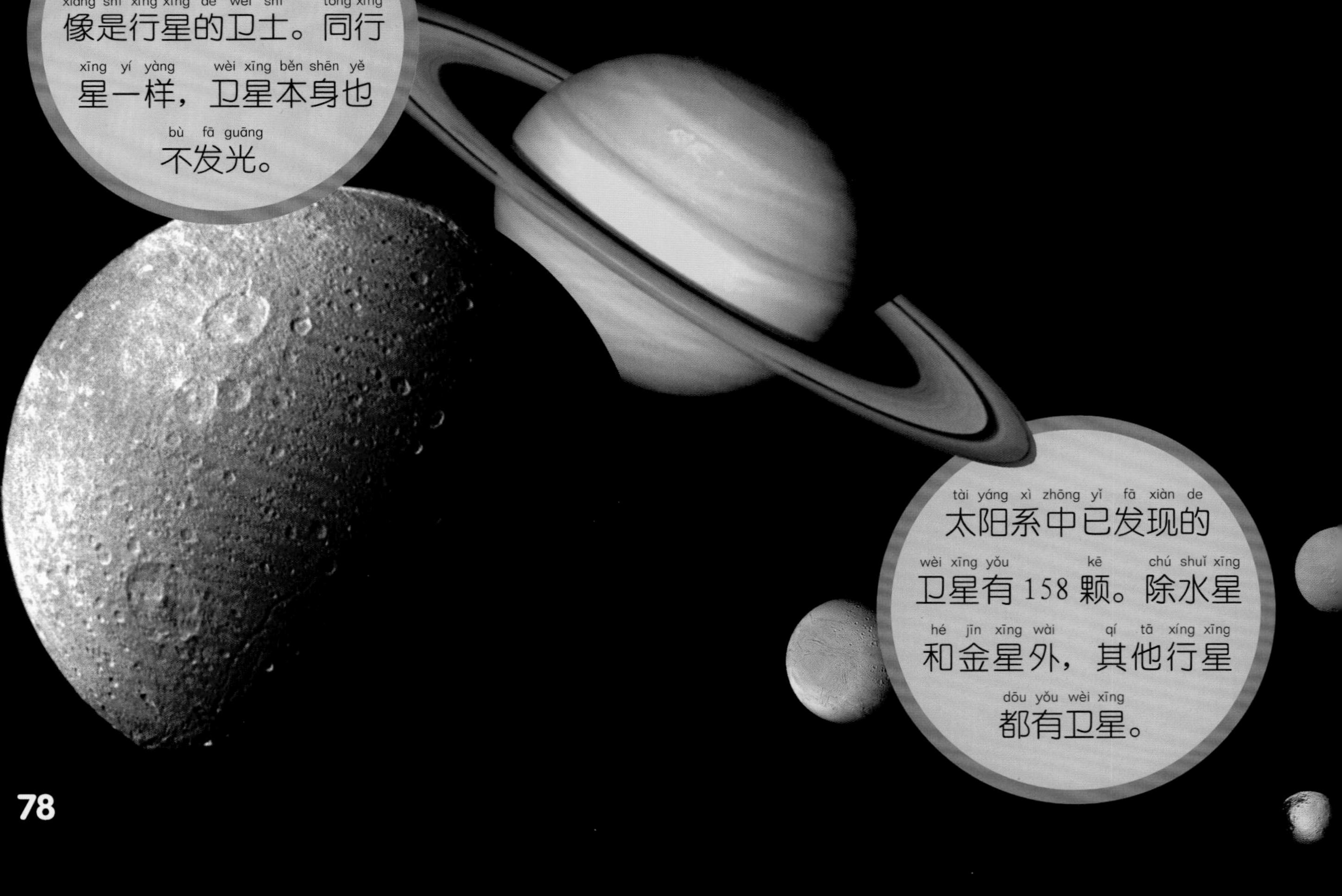

太阳系中已发现的
卫星有 158 颗。除水星
和金星外，其他行星
都有卫星。

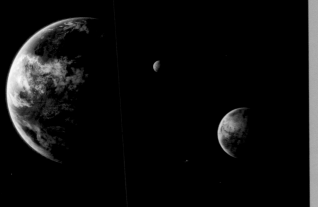

dì qiú zhǐ yǒu yuè qiú zhè yì kē wèi xīng ér
地球只有月球这一颗卫星，而
qí tā xíng xīng zé bù zhǐ yí gè wèi shì rú mù
其他行星则不止一个"卫士"，如木
xīng de wèi xīng yǒu kē tǔ xīng yǒu kē
星的卫星有63颗，土星有50颗。

wèi xīng rào xíng xīng zhuàn dòng yǒu liǎng zhǒng fāng shì
卫星绕行星转动有两种方式，
yì zhǒng shì hé xíng xīng rào tài yáng zhuàn dòng de fāng xiàng
一种是和行星绕太阳转动的方向
yí zhì chēng wéi shùn xíng yì zhǒng shì hé xíng xīng rào
一致，称为顺行；一种是和行星绕
tài yáng zhuàn dòng de fāng xiàng xiāng fǎn chēng wéi nì xíng
太阳转动的方向相反，称为逆行。

chú gōng zhuàn wài wèi xīng běn shēn hái zì zhuàn
除公转外，卫星本身还自转。

木卫三

tài yáng xì zhōng zuì dà de wèi xīng shì
太阳系中最大的卫星是
mù wèi sān tǔ wèi liù cì zhī dōu bǐ shuǐ
木卫三，土卫六次之，都比水
xīng hé míng wáng xīng dà
星和冥王星大。

huì xīng
彗星

huì xīng shì rào tài yáng yùn xíng de
彗星是绕太阳运行的
yì zhǒng tiān tǐ xíng zhuàng tè bié yuǎn lí
一种天体，形状特别，远离
tài yáng shí wéi fā guāng de yún wù zhuàng xiǎo bān diǎn
太阳时为发光的云雾状小斑点，
jiē jìn tài yáng shí yóu huì hé huì fà hé huì wěi zǔ chéng
接近太阳时由彗核、彗发和彗尾组成。

80

彗星的体积非常庞大，彗尾长达数千万千米甚至上亿千米。彗星的质量很小，不到地球质量的十亿分之一。

彗星是由岩石、冰和太空尘埃构成的，就像一个大"雪球"，并围绕太阳运行。

彗星轨道多为抛物线和双曲线，少数为椭圆轨道。

著名的哈雷彗星围绕太阳自东向西逆向运行，约76年在地球上空出现一次，是以英国天文学家哈雷的名字命名的。

liú xīng hé yǔn shí
流星和陨石

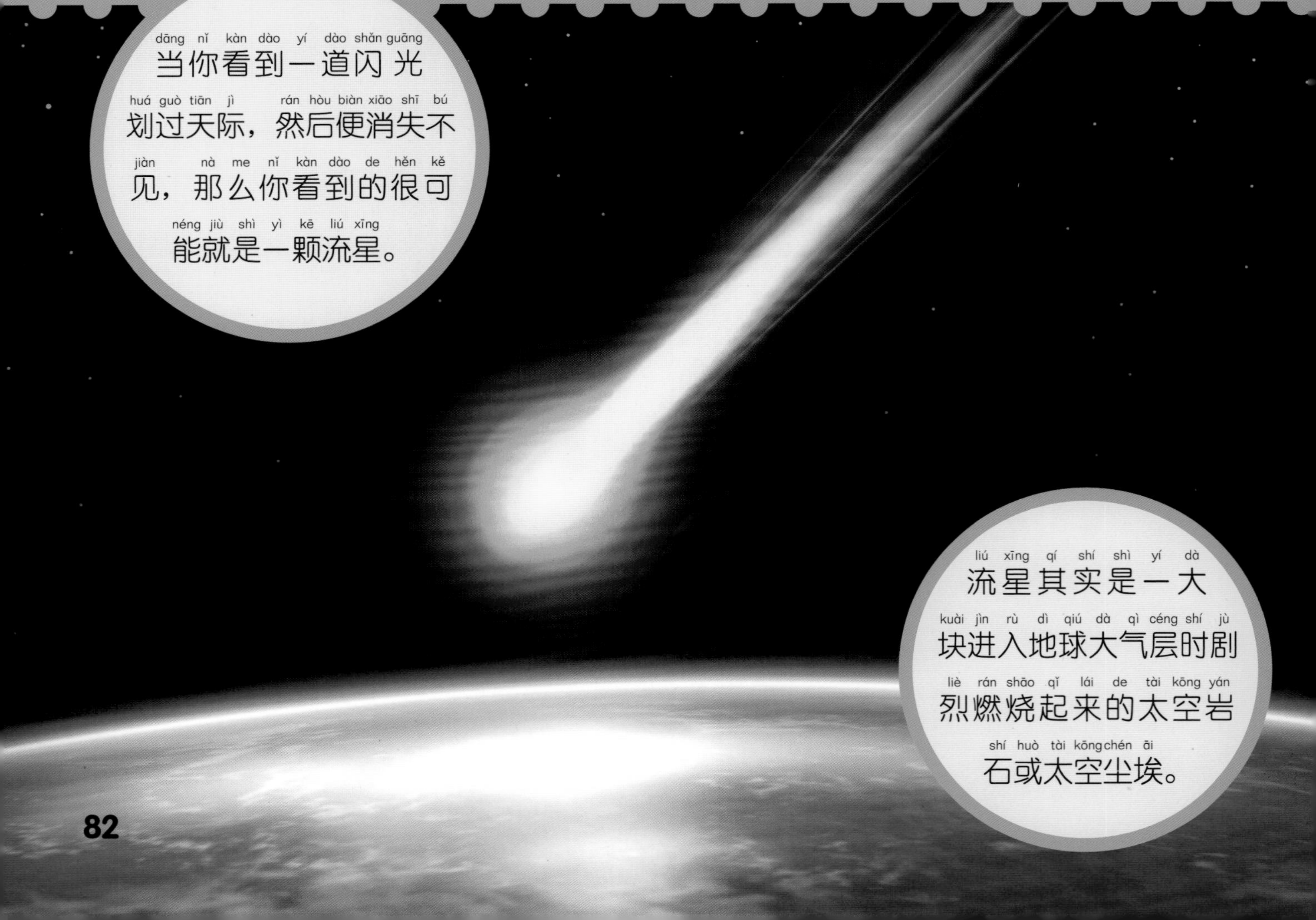

dāng nǐ kàn dào yí dào shǎn guāng
当你看到一道闪光
huá guò tiān jì rán hòu biàn xiāo shī bú
划过天际，然后便消失不
jiàn nà me nǐ kàn dào de hěn kě
见，那么你看到的很可
néng jiù shì yì kē liú xīng
能就是一颗流星。

liú xīng qí shí shì yí dà
流星其实是一大
kuài jìn rù dì qiú dà qì céng shí jù
块进入地球大气层时剧
liè rán shāo qǐ lái de tài kōng yán
烈燃烧起来的太空岩
shí huò tài kōng chén āi
石或太空尘埃。

流星有单个流星、火流星、流星雨等几种。如果一颗流星坠落到地面上，就被称为"陨星"。陨星按化学成分，分石陨星、铁陨星和石铁陨星三大类。

流星在大气中飞行时，速度越快发出的光芒越强。

在冲进地球大气层时，有些流星会爆炸开来，产生的碎片可能会形成蔚为壮观的流星雨。

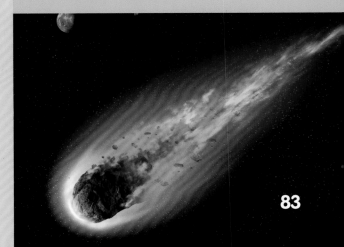

83

探索宇宙

tàn suǒ yǔ zhòu

从《甘石星经》到《时间简史》，从古老的太阳钟到先进的宇宙飞船，从飞天梦到太空漫步……人类对宇宙的探索从未停止过。浩瀚的宇宙究竟有多大？宇宙有没有边界？宇宙是怎样运动的？宇宙中有太多的秘密牵动着我们探索的脚步，令人无限神往。

shì jiè shang zhǔ yào de tiān wén
世界上主要的天文

tái dōu jiàn zào zài sǐ huǒ shān huò zhě
台都建造在死火山或者

gāo shān shang yīn wèi nà lǐ kōng qì de
高山上，因为那里空气的

tòu míng dù shì zuì gāo de
透明度是最高的

天文台是专门进行天文观测和研究的机构。天文台有各种天文望远镜，大多安装在圆顶室内，用来观测天体；又有各种测量仪器和计算机，用来分析观测资料。

莫纳克亚山天文台坐落在美国夏威夷群岛大岛上的毛纳基山顶峰上，这里有着世界最大的光学望远镜——"双子凯克"望远镜。

射电望远镜
shè diàn wàng yuǎn jìng

射电望远镜又称无线电望远镜，是靠接收天体发射出来的无线电波，来进行天文观测的仪器。

shè diàn wàng yuǎn jìng de xíng zhuàng yǔ léi
射电望远镜的形状与雷

dá jiē shōu zhuāng zhì fēi cháng xiàng, yóu tiān xiàn hé
达接收装置非常像，由天线和

jiē shōu jī liǎng bù fen zǔ chéng
接收机两部分组成。

zài xiū lǐ hé wéi hù shè
在修理和维护射

diàn wàng yuǎn jìng shí, rén men xū
电望远镜时，人们需

yào zuān jìn tā de dà dié
要钻进它的"大碟

zi li qù
子"里去。

shè diàn wàng yuǎn jìng bèi shè jì chéng
射电望远镜被设计成

qīng xié hé kě yǐ xuán zhuǎn de, zhè yàng jiù
倾斜和可以旋转的，这样就

kě yǐ bǎ tā men duì zhǔn tiān kōng zhōng xū
可以把它们对准天空中需

yào tàn suǒ de qū yù le
要探索的区域了。

yǔ guāng xué wàng yuǎn jìng bù tóng,
与光学望远镜不同，

shè diàn wàng yuǎn jìng bù xū yào ān fàng zài
射电望远镜不需要安放在

shān dǐng, yīn wèi wú xiàn diàn bō kě yǐ
山顶，因为无线电波可以

chuān yuè yún céng
穿越云层。

<ruby>哈<rt>hā</rt></ruby><ruby>勃<rt>bó</rt></ruby> <ruby>空<rt>kōng</rt></ruby><ruby>间<rt>jiān</rt></ruby><ruby>望<rt>wàng</rt></ruby><ruby>远<rt>yuǎn</rt></ruby><ruby>镜<rt>jìng</rt></ruby>

"哈勃" 空间望远镜

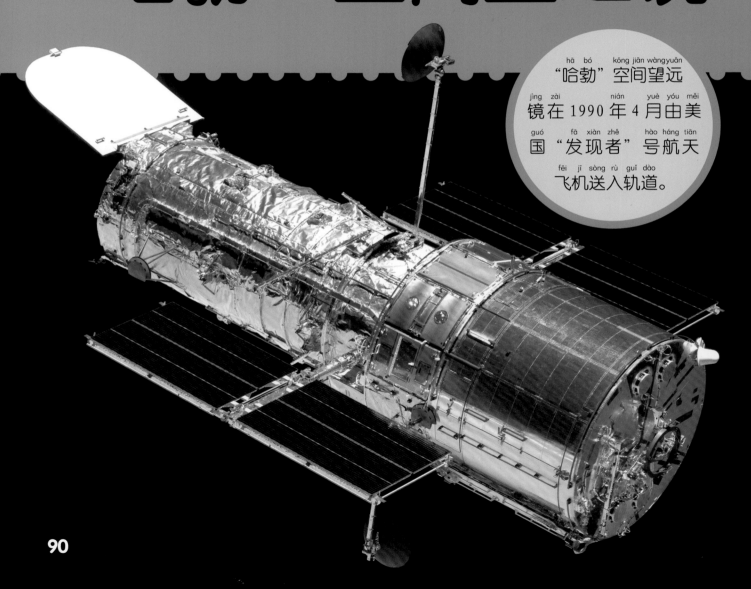

"哈勃" 空间望远镜在 1990 年 4 月由美国 "发现者" 号航天飞机送入轨道。

"哈勃"空间望远镜不受大气干扰和吸收影响，所以获取的图像具有质量好、灵敏度高、从紫外光到红外光多波段覆盖等优点。

"哈勃"空间望远镜是为了纪念近代宇宙学奠基人哈勃而命名的。

"哈勃"空间望远镜由人们在地球上利用远程控制系统进行控制，它给我们传回了大量细节丰富的图片。

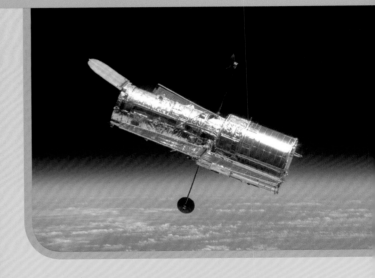

"哈勃"空间望远镜的主望远镜是口径2.4米的反射望远镜。

yùn zài huǒ jiàn
运载火箭

yùn zài huǒ jiàn shì cháng yóu
运载火箭是常由

duō jí huǒ jiàn zǔ chéng de yǔ háng
多级火箭组成的宇航

yùn shū gōng jù yòng yú bǎ rén zào
运输工具,用于把人造

dì qiú wèi xīng yǔ zhòu fēi chuán
地球卫星、宇宙飞船、

guǐ dào kōng jiān zhàn xíng xīng tàn cè
轨道空间站、行星探测

qì hé xíng xīng jì tàn cè qì děng
器和行星际探测器等

sòng rù yù dìng guǐ dào
送入预定轨道。

运载火箭一般为2～4级，最后一级完成预定任务后通常成为一个人造天体，也可成为宇航器的一部分。

世界各国际组织先后研制和发射成功了30多种不同性能的运载火箭，目前正在用的有20多种。

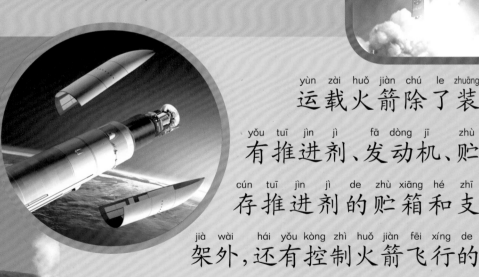

运载火箭除了装有推进剂、发动机、贮存推进剂的贮箱和支架外，还有控制火箭飞行的导引和控制系统、电源、远距离控制和测量装置等。

háng tiān fēi jī 航天飞机

háng tiān fēi jī shì yì
航天飞机是一

zhǒng kě chóng fù shǐ yòng de háng
种可重复使用的航

tiān yùn zài gōng jù
天运载工具。

yóu měi guó shǒu cì fā
由美国首次发

shè yán zhì jì huà yú
射，研制计划于

nián shí shī
1972 年实施。

94

航天飞机具有发动机、驾驶员舱、生活舱和载货舱，与携带推进剂的外贮箱和固体燃料助推器组成"空间运输系统"。

航天飞机的主要任务有空间运输、运送卫星入轨、在轨道上修理或取回卫星、天文观测、军事应用、科学实验、材料制造、运送轨道空间站结构材料，以及在轨装配轨道空间站等。

航天飞机降落到跑道上之后，一个直径12米的降落伞会打开，从而使它的速度更快地减下来。

人造卫星

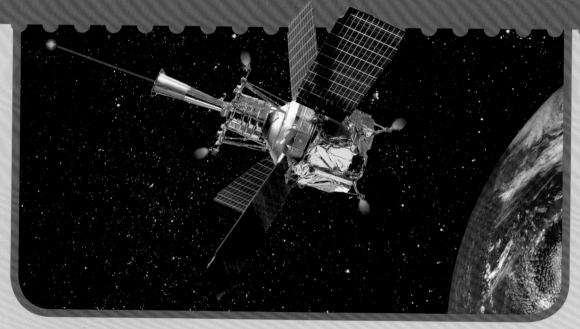

rén zào dì qiú wèi xīng jiǎn chēng rén zào wèi xīng shì yòng yùn zài huǒ jiàn fā shè shǐ
人造地球卫星简称"人造卫星",是用运载火箭发射,使

qí huán rào dì qiú fāng xiàng sù dù dá dào dì yī yǔ zhòu sù dù chéng wéi yán yí dìng guǐ dào
其环绕地球方向速度达到第一宇宙速度,成为沿一定轨道

huán rào dì qiú yùn xíng de yǔ háng qì
环绕地球运行的宇航器。

96

人造卫星是个兴旺的家族，如果按用途分，可分为三大类：科学卫星、技术试验卫星和应用卫星。

人造卫星构成因用途而异，一般由有效载荷、卫星平台两部分组成。其中有效载荷是指与应用直接相关的仪器。

1957年，苏联发射了世界上第一颗人造卫星，揭开了人类向太空进军的序幕。

97

kōng jiān zhàn shì yì zhǒng zài jìn
空间站是一种在近
dì guǐ dào cháng shí jiān yùn xíng kě
地轨道长时间运行，可
gōng duō míng háng tiān yuán zài qí zhōng shēng
供多名航天员在其中生
huó gōng zuò hé xún fáng de zài
活、工作和巡防的载
rén háng tiān qì
人航天器。

98

因空间站能长期在太空工作，无论在科学研究、国民经济和军事上都有着重大的使用价值。

空间站不仅有载人生活舱，还有一些不同用途的舱段，如工作实验舱、科学仪器舱等。

1971年4月19日，苏联发射了第一座空间站，从此载人太空飞行进入一个新的阶段。

国际空间站由美国于1983年提出，后由国际合作建造，参加国有美国、俄罗斯等16个国家。总质量约为423吨，长108米，宽88米，可载6人。

在空间站里，宇航员需要做的事情和你一样：吃饭、睡觉、工作、游戏、锻炼……唯一不同的是，他们要在失重的空间里做这些事情。

空间站里的食物都被放在密封的袋子里，而且大部分都是脱水食物。也就是说，宇航员在吃食物之前，需要补充很多水。

大部分宇航员使用睡袋睡觉，睡袋必须被固定在墙壁上。睡袋能绑住宇航员的手臂，不然的话，手臂就会高高地举到宇航员的头顶上去。

太空行走

tài kōng xíng zǒu

太空行走又称为出舱活动，是载人航天的一项关键技术，是载人航天工程在轨道上安装大型设备、进行科学实验、施放卫星、检查和维修航天器的重要手段。

宇航员每次可以在空间站外面连续工作好几个小时。

在绕地球轨道中，强烈的阳光很快会让宇航员觉得酷热难当。而且，在太空中热量是很难散发出去的，因此，宇航服里必须有一套冷却装置。

在太空中使用的工具都是非常巨大的，只有这样，宇航员才能通过厚重的手套抓牢它们。为了防止工具飘走，还要把它们系在宇航员身上。

dēng yuè lǚ chéng
登月旅程

shì jì nián dài
20 世纪 60 年代，
měi guó hé sū lián zhī jiān zhǎn kāi
美国和苏联之间展开
le yì chǎng dēng yuè jìng sài
了一场登月竞赛。

nián yuè rì měi guó de ā bō luó hào tài kōng chuán shuài xiān bǎ rén
1969年7月20日，美国的"阿波罗"11号太空船率先把人

lèi sòng shàng le yuè qiú yíng dé le jìng sài de shèng lì yuè qiú de biǎo miàn zhòng lì jiā sù dù
类送上了月球，赢得了竞赛的胜利。月球的表面重力加速度

zhǐ xiāng dāng yú dì qiú biǎo miàn de suǒ yǐ dēng shàng yuè qiú de yǔ háng yuán zài yuè miàn
只相当于地球表面的1/6，所以，登上月球的宇航员在月面

xíng zǒu shì qīng piāo piāo de
行走是轻飘飘的。

ā bō luó hào
"阿波罗"11号
yóu xiá xiǎo de zhǐ lìng cāng fú
由狭小的指令舱、服
wù cāng hé dēng yuè cāng sān bù
务舱和登月舱三部
fēn zǔ chéng
分组成。

"阿波罗"11号的登月舱被称为"鹰"，着陆后，宇航员尼尔·阿姆斯特朗成为第一个踏上月球的人，紧随其后的是爱德华·奥尔德林。

月球车的速度可以达到每小时22千米。

月球车上的碟形天线能够帮助宇航员向地球发回图片。

阿姆斯特朗和奥尔德林在月球上停留了将近22个小时，他们采集月球岩石和土壤的样本，安置实验设备，还拍了一些照片。

由于月球上没有空气，声音无法传播，宇航员们是靠头盔里的无线电设备进行交流的。

在后来的三次"阿波罗"号登月活动中，都携带了一辆月球车，宇航员可以借助它们来探索远离着陆点的地方。

<ruby>探<rt>tàn</rt></ruby> <ruby>索<rt>suǒ</rt></ruby> <ruby>火<rt>huǒ</rt></ruby> <ruby>星<rt>xīng</rt></ruby>

<ruby>现<rt>xiàn</rt></ruby><ruby>在<rt>zài</rt></ruby>，<ruby>我<rt>wǒ</rt></ruby><ruby>们<rt>men</rt></ruby><ruby>的<rt>de</rt></ruby><ruby>太<rt>tài</rt></ruby><ruby>空<rt>kōng</rt></ruby><ruby>探<rt>tàn</rt></ruby><ruby>测<rt>cè</rt></ruby><ruby>器<rt>qì</rt></ruby><ruby>已<rt>yǐ</rt></ruby><ruby>经<rt>jīng</rt></ruby><ruby>掠<rt>lüè</rt></ruby><ruby>过<rt>guò</rt></ruby><ruby>火<rt>huǒ</rt></ruby><ruby>星<rt>xīng</rt></ruby>，<ruby>围<rt>wéi</rt></ruby><ruby>绕<rt>rào</rt></ruby><ruby>着<rt>zhe</rt></ruby><ruby>它<rt>tā</rt></ruby><ruby>运<rt>yùn</rt></ruby><ruby>转<rt>zhuǎn</rt></ruby>，<ruby>并<rt>bìng</rt></ruby><ruby>且<rt>qiě</rt></ruby><ruby>成<rt>chéng</rt></ruby><ruby>功<rt>gōng</rt></ruby><ruby>登<rt>dēng</rt></ruby><ruby>陆<rt>lù</rt></ruby><ruby>了<rt>le</rt></ruby>。

火星与地球有许多相似的地方，因此天文学家常把火星称为"天空中的小地球"。

1997年，"探路者"探测器成功降落在火星上，释放出了"索杰纳"号火星车。

"勇气"号和"机遇"号火星车，自2004年以来一直在探索火星的表面。

1976年，在"海盗"1号太空探测器传回的照片中，显示出在火星表面上居然有一张"脸"，事实上它不过是一座山脉。

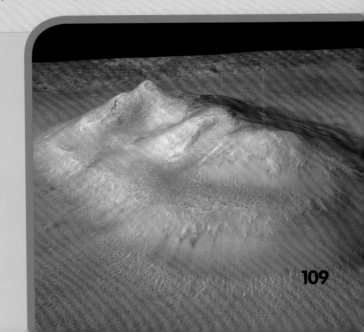

太空垃圾

太空垃圾是围绕地球轨道的无用人造物体，小到人造卫星碎片、漆片、粉尘，大到整个飞船残骸。

专家们相信，总共有超过 15 万件大于 1 厘米的物体，在太空中"包围"着我们的地球。

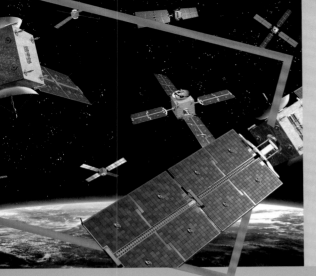

在太空中，通常每件太空垃圾都会相隔很远，若其中一件快速运动的垃圾意外撞到太空船或空间站，就非常危险了。

一部分太空垃圾最终会坠入地球的大气层，在大气层中，它们或是燃烧殆尽，或是落在地面上。

科学家们希望能找到一个清理绕地球轨道的办法，比如用激光粉碎垃圾、建造太空垃圾船等，但这还需要一个漫长的探索过程。

不明飞行物
bù míng fēi xíng wù

不明飞行物亦称"飞碟"，被认为是由外星球人操纵的飞到地球的飞行物体的总称。因至今没有人能提供一个实物或碎片，故对于不明飞行物存有激烈的争议。

UFO是英文不明飞行物的缩写,也就是外星人乘坐的飞行物体。据说它们的飞行变化莫测,与之相遇,会使通信联络失灵,甚至还有其他传闻。

关于不明飞行物的报道,最早的是美国商人1947年在华盛顿州雷尼尔山上空发现的九个圆形碟子模样的东西。

报道中的不明飞行物形状有圆盘形、卵形、蘑菇形、雪茄形、橄榄形等。

外星人

wài xīng rén

mù qián　　wǒ men suǒ zhī
目前，我们所知
dào de wéi yī cún zài shēng mìng de
道的唯一存在生命的
xīng qiú jiù shì dì qiú
星球就是地球。

yì zhí yǐ lái　　rén men dōu
一直以来，人们都
zài duì yǔ zhòu zhōng shì fǒu cún zài zhe
在对宇宙中是否存在着
qí tā shēng mìng de xīng qiú jìn xíng
其他生命的星球进行
zhe bú xiè de tàn suǒ
着不懈的探索。

我们想象中的外星人大多是一些个子矮小、脑袋圆大、身穿紧身衣的类人生物。但这只是猜测，缺少足够的证据证明外星人的存在。

两艘"旅行者"号太空船于1979年和1981年分别被送上了太空。每艘飞船都携带了一张镀金的唱片，唱片用编码的形式记录下了许多声音与图片，以供外星生命了解地球上的生命信息。

探索外星智能协会经常使用高功率的射电望远镜，仔细扫描来自太空的信号，然而至今仍一无所获。

115

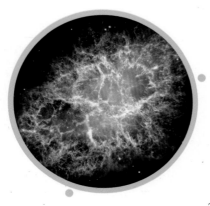

图书在版编目 (CIP) 数据

宇宙大百科 / 庞凤编著. — 长春:东北师范大学出版社,
2016.9

(多彩童年我爱读系列)

ISBN 978-7-5681-2285-6

Ⅰ. ①宇⋯ Ⅱ. ①庞⋯ Ⅲ. ①宇宙—少儿读物 Ⅳ.
① P159-49

中国版本图书馆 CIP 数据核字 (2016) 第 221621 号

图片提供:123RF 图片库

□ 责任编辑:王胜楠　　　　□ 封面设计:杨　洋
□ 责任校对:霍优优　　　　□ 责任印制:张允豪

东北师范大学出版社出版发行
长春净月经济开发区金宝街 118 号（邮政编码:130117）
电话:0431-84568071
网址:http://www.nenup.com
晨风童书制版
吉林省科普印刷有限公司印装
长春净月开发区生态东街 3330 号
2016 年 11 月第 1 版　　2023 年 5 月第 1 版第 2 次印刷
幅面尺寸:210mm×225mm　印张:6　字数:40 千

定价:22.80 元